BEI GRIN MACHT SICH IHR
WISSEN BEZAHLT

- Wir veröffentlichen Ihre Hausarbeit,
  Bachelor- und Masterarbeit

- Ihr eigenes eBook und Buch -
  weltweit in allen wichtigen Shops

- Verdienen Sie an jedem Verkauf

Jetzt bei www.GRIN.com hochladen
und kostenlos publizieren

Welche Akteure haben Einfluss auf klimapolitische Entscheidungen in Deutschland?

Alexander Höger

Bibliografische Information der Deutschen Nationalbibliothek:

Die Deutsche Nationalbibliothek verzeichnet diese Publikation in der Deutschen Nationalbibliografie; detaillierte bibliografische Daten sind im Internet über http://dnb.d-nb.de abrufbar.

ISBN: 9783346657886
Dieses Buch ist auch als E-Book erhältlich.

© GRIN Publishing GmbH
Nymphenburger Straße 86
80636 München

Druck und Bindung: Books on Demand GmbH, Norderstedt Germany
Gedruckt auf säurefreiem Papier aus verantwortungsvollen Quellen

Das vorliegende Werk wurde sorgfältig erarbeitet. Dennoch übernehmen Autoren und Verlag für die Richtigkeit von Angaben, Hinweisen, Links und Ratschlägen sowie eventuelle Druckfehler keine Haftung.

Das Buch bei GRIN: https://www.grin.com/document/1214603

Fachbereich Sozial- und Kulturwissenschaften

Welche Akteure haben Einfluss auf die klimapolitischen Entscheidungen der Bundesregierung in Deutschland und wie maßgeblich sind sie?

Eingereicht von:
Alexander Johannes Höger

Studiengang:
Sozialwissenschaften
mit Schwerpunkt interkulturelle Beziehungen

Hausarbeit im Seminar:
Technik-Gesellschaft-Umwelt
Modul: M11/16

Inhaltsverzeichnis

Abbildungsverzeichnis

Abbildung	Titel	Seite
Abb. 1	CO_2 Ausstoß weltweit Quelle: URL: https://de.statista.com/infografik/18287/co2-emissionen-in-ausgewaehlten-laendern/	3
Abb. 2	Sektor Ziele im Klimaschutzplan 2050 Quelle: https://www.bmu.de/themen/klima-energie/klimaschutz/nationale-klimapolitik/klimaschutzplan-2050/	4
Abb. 3	Wichtige zivilgesellschaftliche Gruppen, ihr normativer Kompass und ihre Wirkungsmechanismen Quelle: Schneidewind, Uwe, 2019, S. 310	11

Die Abbildungen 1 und 2 wurden aus urheberrechtlichen Gründen von der Redaktion entfernt.

1 Einleitung

„Äußere Krisen bedeuten die große Chance, sich zu besinnen"[1]
– Viktor Frankl

Das Jahr 2020 wird wohl als turbulentes und krisenreiches Jahr in die Geschichtsbücher eingehen. Nicht nur die schweren Waldbrände, die Anfang des Jahres in großen Teilen der Welt entstanden sind und hunderttausende Quadratkilometer Lebensraum für Millionen Lebensformen sowie Flora und Fauna zerstört haben, sondern auch das Coronavirus wird uns sicherlich weiterhin unter Spannung halten. Viele weitere Vorfälle lassen uns nicht gerade einen positiven Blick auf das vergangene Jahr werfen. Doch Krisen bergen auch immer Chancen in sich. Nicht zuletzt die Waldbrände, die mit dem Klimawandel in Verbindung stehen, zeigen uns wie wichtig es ist, in Krisensituationen zu handeln. Die Welt zeigt momentan, wie gut sie es schafft auf eine akute Krise zu reagieren. Alle bemühen sich entsprechend auf die Gefahr des Coronavirus zu reagieren und Maßnahmen zur Sicherheit der Bevölkerung zu erarbeiten. Gerade in solchen Zeiten scheint es immer so, als ob alle Hebel in Bewegung gesetzt werden, um eine Gefahr zu bannen. Jedoch ist in einem Bereich wie dem Klimawandel dies nicht immer von den Verantwortlichen zu erkennen. Hier wäre das Ergebnis von Viktor Frankl's Zitat, eine Besinnung der Politik in Zeiten der Krise, ein schöner Start in das neue Jahr. Verständlicherweise ist es nicht einfach, in der derzeitigen Situation eine weitere Krise zu bewältigen, allerdings sind auch schon frühere Versuche der Bundesregierung geeignete Maßnahmen, zur Reduzierung des CO2 Ausstoßes zu minimieren, gescheitert. Zwar sind Schritte in die richtige Richtung gegangen worden, jedoch nicht so, wie sich Zivilgesellschaft und Wissenschaft dies gewünscht hätten. Aber woran liegt es, dass die entscheidenden Maßnahmen nicht wie empfohlen umgesetzt wurden? Inwiefern ist die Regierung abhängig von anderen Meinungsträgern und Interessengruppen?

Die Hausarbeit soll erörtern, welche Akteure Einfluss auf die klimapolitischen Entscheidungen der Bundesregierung haben. Es soll ein Vergleich zwischen drei verschiedenen Akteuren geben, die Interessen an diesen Entscheidungen vertreten. Zu Anfang werden jedoch die Forschungszweige der internationalen- und deutschen Klimapolitik vorgestellt, sowie die Regierungsorgane Bundesregierung, Bundesrat sowie jene auf Länderebene. Hier soll gezeigt werden, wie und auf welcher Basis diese Organe ihre Entscheidungen treffen und inwieweit Einfluss auf die Entscheidungen genommen wird. Ein abschließender Vergleich soll Auskunft

---

[1]Dr. med. Dr. phil. Viktor Frankl. Zitiert in https://www.aphorismen.de/zitat/72492 abgerufen am 26.12.2020

darüber geben, wer wieviel Einfluss auf die Entscheidungen hat. Es soll ebenso ein Blick darauf gerichtet werden, inwiefern die Regierungen von solchen Akteuren abhängig sind und ob hier überhaupt eine Einflussnahme stattfindet. Ein Fazit bringt die wesentlichen Punkte zu einem passenden Schluss, sowie zu einem kurzen Ausblick.

Für eine bessere Lesbarkeit wird auf die Unterscheidung einer männlichen und weiblichen Sprachform verzichtet. Personenbezeichnungen gelten, wenn nicht anderweitig kenntlich gemacht, gleichwohl für alle Geschlechter.

2 Klimapolitik

2.1 Internationale Klimapolitik

Aufgrund zunehmender globaler Erwärmung, die durch den anthropogenen Klimawandel verursacht wird, ist das politikwissenschaftliche Fachgebiet der Klimapolitik von immer größerer Bedeutung.[2] Die ansteigenden Treibhausgasemissionen verursachten in den letzten Jahren zunehmend Extremwetterereignisse, veränderte Niederschläge, steigende Meeresspiegel und andere Vorkommnisse.[3] Es ist also umso wichtiger, sich auf globaler Ebene auszutauschen und gemeinsam Lösungen für diese Problematik zu erörtern. Hier beginnt das Forschungsfeld der internationalen Klimapolitik, welches versucht, die globalen Klimaprobleme auf der politischen Ebene zu lösen und geeignete Maßnahmen in den Bereichen der Energie, Landwirtschaft und Infrastruktur zu erarbeiten. Jedoch fehlen bisher weitreichende Anpassungsprogramme, da die nationalen Kontroversen sich auf der internationalen Ebene fortführen.[4] Da jedes Land andere Positionen vertritt, ist es schwierig auf einen gemeinsamen Nenner für gemeinsame Konzepte zu kommen. Diese Grundpositionen lassen sich nur schwer auflösen, wenn die einzelnen Länder unterschiedliche Interessen haben und durch verschiedenste Akteure beeinflusst werden. Hinzu kommen Dilemmata, die sozialer, ökonomischer und politischer Natur sind. Allen voran das politische Problem des Trittbrettfahrerverhalten[5] der Länder, welches wirksame Lösungen verhindert.[6]

---

[2] Vgl. BMU.de, Internationale Klimapolitik, URL: https://www.bmu.de/themen/klimaenergie/klimaschutz/internationale-klimapolitik/ (Stand: 28.12.2020)

[3] Vgl. Umweltbundesamt.de, Internationale und EU-Klimapolitik URL: https://www.umweltbundesamt.de/themen/klima-energie/internationale-eu-klimapolitik#internationale-klimapolitik (Stand: 28.12.2020)

[4] Vgl. Kiyar D. Internationale Klimapolitik, Ein komplexes Feld mit vielschichtigen Akteuren, bpb.de URL: https://www.bpb.de/gesellschaft/umwelt/klimawandel/38535/akteure?p=all

[5] Mehr zum Begriff auf der Seite des WWU Münster. URL: http://www.wiwi.uni-muenster.de/06/nd/studium/uk-glossar/?tx_drwiki_pi1%5Bkeyword%5D=Trittbrettfahrerproblem%20%28free%20rider%29

[6] Vgl. Weidner, Helmut: Internationale Klimaschutzpolitik: Beschreibung und Analyse eines Wegs in die Sackgasse, in: Manfred G. Schmidt / Frieder Wolf / Stefan Wurster (Hrsg.), Studienbuch Politikwissenschaft, Heidelberg, Springer VS, 2013, S. 521.

Um die politischen Dilemmata zu lösen ist es wichtig, die bisherigen Komplikationen in Hinblick auf die unterschiedlichen Interessen der Akteure zu überwinden, um Ziele zu generieren, welche die Erderwärmung auf unter 2° Celsius begrenzt. Doch gerade die westlichen Industrieländer, die maßgeblich für den hohen CO_2 Ausstoß verantwortlich sind, müssen nicht unter den Folgen leiden. Diese liegen bei den Entwicklungsländern, welche nicht nur unseren ressourcenintensiven Lebensstil durch die Produktion von Gütern tragen, sondern bekommen die daraus folgenden Klimaschwankungen zu spüren. Somit handelt es sich auch um ein nationales und internationales Gerechtigkeitsproblem.[7] Neben dem *Kyoto-Protokoll*, den *Sustainable Development Goals* und dem *Pariser Klimaabkommen*, finden sich nicht viele weitere Initiativen, um eine globale Klimapolitik zu gestalten.

Abbildung 1

https://de.statista.com/infografik/18287/co2-emissionen-in-ausgewaehlten-laendern/

Diese Abbildung wurde aus urheberrechtlichen Gründen von der Redaktion entfernt.

Wie in *Abbildung 1* zu erkennen ist, hat Deutschland seine Emissionen im Jahr 2018 um 27,9 Prozent gesenkt im Vergleich zum Jahr 1990. In anderen Ländern wie China, Indien und der Iran ist der CO_2 Ausstoß um jeweils das Dreifache gestiegen. Jedoch sollte sich Deutschland nicht auf diesen erfreulichen Ergebnissen ausruhen, sondern stets weiter an den Zielen arbeiten, da wir immer noch unter den Top 5 weltweit sind.

---

[7] Vgl. Weidner, 2013, S. 524

3

Dies hängt damit zusammen, dass wir pro Kopf einen relativ hohen CO_2 Verbrauch haben, trotz des signifikanten Rückgangs in den letzten Jahren. Dieser Rückgang bezieht sich hauptsächlich auf wirtschaftliche Rückgänge und weniger auf den privaten CO_2 Verbrauch.

2.2 Deutsche Klimapolitik/Ziele

Die deutsche Klimapolitik kann sich als Vorreiter in Sachen Klimaschutz in der EU wie auch international bezeichnen, da sie besondere Ziele und Leistungen bereits erbracht hat.[8] Wie in *Abbildung 1* zu erkennen ist, hat Deutschland im Vergleich zum Jahr 1990, Fortschritte beim CO_2 Ausstoß gemacht. Dies liegt unter anderem an der Erkenntnis des ehemaligen Bundeskanzlers Helmut Kohl, der die Klimafrage schon 1987 zu einem Jahrhundertproblem erklärt hat und an den darauffolgenden Umweltministern, die das Thema in verschiedensten internationalen Debatten zur Sprache brachten. Ohne das Einwirken von Angela Merkel, die damals noch Umweltministerin war, wäre das Kyoto-Protokoll wohl nie zustande gekommen.[9] Das Ziel des Protokolls wurde in Deutschland bereits 2012 erreicht. Mit der Agenda 2030 soll erstmals seit der Rio-Konferenz 1992 eine globale Agenda für mehr Frieden, Umweltschutz und Wohlstand entstehen.

Abbildung 2

https://www.bmuv.de/themen/klimaschutz-anpassung/klimaschutz/nationale-klimapolitik/
klimaschutzplan-2050

Diese Abbildung wurde aus urheberrechtlichen Gründen von der Redaktion entfernt.

---

[8] Vgl. Weidner, 2013, S. 531
[9] Vgl. Weidner,2013, S.531

Mit den MDGs (Millennium Development Goals), wurden wichtige Schritte eingeleitet, um die heutigen SDGs (Sustainable Development Goals) zu schaffen.[10] Sie umfassen 17 Initiativen, die bis zum Jahr 2030 umgesetzt werden sollen. Deutschland hat sich ebenfalls zu den Zielen verpflichtet und stellt somit sein Handeln unter strenge Nachhaltigkeitskriterien.[11]Eine der strengen Ziele, die bereits 2002 definiert wurden, war die Treibhausgasemissionen um 40 Prozent bis 2020 zu senken. Bis vor einem Jahr sahen die Chancen, das Ziel zu erreichen, nicht gut aus, jedoch wurde durch die Corona Krise dieses Ziel doch erreicht.[12] Wie in *Abbildung 2* zu erkennen ist, hat Deutschland in den Bereichen Gebäude und Industrie große Fortschritte bei der CO_2 Reduktion erbracht. Jedoch haben die Sektoren Energiewirtschaft und Verkehr noch nicht die nötigen Ziele erreicht, die dem Klimaschutzplan 2030 zugrunde liegen. Um den Klimaschutzplan 2050 anzustreben sind noch weitere Maßnahmen in den Sektoren Energie und Verkehr notwendig.

3 Entscheidungsträger

3.1 Politische Entscheidungen zu klimapolitischen Fragen

Bei der Frage wer diese Entscheidungen über klimapolitische Fragen fällt, ist es wichtig sich zunächst das System, worüber solche Entscheidungen getroffen werden, genauer unter die Lupe zu nehmen. Bundesgesetze werden in Deutschland vom Bundestag und Bundesrat eingebracht und beschlossen, hierzu jedoch mehr im nächsten Kapitel. Zudem entscheiden die Länderparlamente über Gesetze, die nur im jeweiligen Bundesland Geltung haben, jedoch nicht über den Bundesgesetzen stehen (Bundesrecht bricht Landesrecht: Art. 31 GG).[13]

Gesetzesentwürfe können Bundesregierung, Bundestag, Minister und Abgeordnete vorlegen. Wenn ein Gesetzesentwurf von einem Ministerium entworfen wird, werden andere Meinungen von Politikern und Interessenverbänden mit eingebunden. Der fertige Entwurf wird dann der Bundesregierung vorgelegt und anschließend dem Bundesrat. Mit der Stellungnahme des Bundesrates wird der Entwurf dann dem Bundestag vorgelegt, der diesen in einem aufwendigen Verfahren durch Gremien und Lesungen sichtet.

---

[10] Vgl. Martens, Jens / Obenland, Wolfgang: Die Agenda 2030: Globale Zukunftsziele für nachhaltige Entwicklung, überarb. Aufl., 2017, URL: https://www.2030agenda.de/de/publication/die-agenda-2030
[11] Vgl. Martens, 2017
[12] Vgl. Lozán, J.: Dank Covid-19 erreicht Deutschland sein Klimaziel 2020, in: Warnsignal Klima, 2021, URL: https://www.klima-warnsignale.uni-hamburg.de/verfehlt-deutschland-sein-klimaziel-2020/
[13] Vgl. Thurich, Eckhart: pocket politik. Demokratie in Deutschland. überarb. Neuaufl. Bundeszentrale für politische Bildung 2011. URL: https://www.bpb.de/nachschlagen/lexika/pocket-politik/16426/gesetzgebung

Danach muss das Gesetz von der Mehrheit des Parlaments bestätigt werden, was in den meisten Fällen geschieht, wenn die Entwürfe von der Bundesregierung direkt kommen.[14] Sobald das Gesetz dieses Verfahren durchlaufen hat, wird es vom Bundespräsidenten unterschrieben und tritt in Kraft.

3.2 Politische Entscheidungen auf Länderebene

In Deutschland besteht in der Klimapolitik ein föderales Verhandlungssystem zwischen Bund und Ländern, welches durch wechselseitigen Einfluss und Abhängigkeit geprägt ist. Jedoch liegt die wesentliche Entscheidungsmacht beim Bund, der aber Länder in den Gesetzgebungsprozess einbinden muss. Den Ländern ist es zudem möglich, ein Veto beim Bundesrat einzulegen, wenn es direkte Schwierigkeiten mit administrativen Angelegenheiten gibt.[15]

Da die Bundesländer treibender Motor auf nationaler Ebene für den Klimaschutz sind, ist es noch nicht ersichtlich, inwiefern der Föderalismus die Klimapolitik fördert oder hemmt. Da jedes Bundesland unterschiedliche Umwelt- und Wirtschaftsstrukturen hat, ist es eine besondere Aufgabe, dass z.b. regenerative Energien umgesetzt werden können. Zudem sind auch auf lokaler Ebene verschiedene Interessenskonflikte zu erkennen, die sich je nach Region und Wirtschaftslage stark unterscheiden.[16] Durch dieses komplexe föderale Handlungs- und Interessensgeflecht ist der Entscheidungsfindungsprozess eher von Problemen als von Lösungen gezeichnet. Durch den zunehmenden Parteienwettbewerb und die unterschiedlichen parteilichen Interessen kann es regional verstärkt zu Entscheidungsblockaden kommen, welche die Umsetzung nationaler Ziele erschweren. Trotzdem gelingt es vielen Bundesländern, in eigener Initiative den Umwelt- und Klimaschutz mit Zielen und Projekten zu fördern.

Die Länder haben einen großen Spielraum bei den Regelungen zu eigenen Maßnahmen und Projekten, die hier vor allem auch durch Bürgerinitiativen gefördert werden.[17] Über die Frage, inwiefern Einfluss auf lokaler Ebene getätigt wird, kann in dieser Hausarbeit nicht eingegangen werden, da es bisher nur wenig repräsentative Literatur und Forschung in diesem Bereich gibt.

---

[14] Vgl. Thurich, 2011
[15] Vgl. Monstadt, Jochen / Scheiner, Stefan: Die Bundesländer in der nationalen Energie- und Klimapolitik: Räumliche Verteilungswirkungen und föderale Politikgestaltung der Energiewende, in: sciendo.de, 2016, URL: https://content.sciendo.com/view/journals/rara/74/3/article-p179.xml
[16] Vgl. Monstadt/Scheiner, 2016
[17] Monstadt/Scheiner, 2016

4 Gesellschaftliche Akteure und Interessensgruppen

Um die einzelnen Gruppierungen, welche Einfluss auf die Klimapolitik in Deutschland haben, genauer zu betrachten, ist es notwendig eine genauere Definition und Einordnung zu erörtern. Lobbyismus ist die Vertretung eigener Interessen von Verbänden und Konzernen, die damit ihre Macht in der Politik ausüben wollen. Sie spielen im gesellschaftlichen Leben eine eher bescheidene Rolle und halten sich im Hintergrund, um ihre Fäden zu ziehen. Ihr Motiv besteht darin, ihre Interessen durchzusetzen und in die politische Gesetzgebung einzubringen.

Bei der Zivilgesellschaft und der Wissenschaft, kann nicht direkt von Interessengruppen gesprochen werden. Wissenschaft hat den Anspruch, Wissen zu produzieren mithilfe von Methoden, die überprüfbar und falsifizierbar sein müssen. Es unterscheidet sich grundlegend von anderen Wissensformen, da es methodisch kontrolliert wird und somit als „objektive" Wahrheit angesehen werden kann.[18] Somit ist die Wissenschaft die nötige Grundlage, um „gute" Entscheidungen zu treffen.

Die Zivilgesellschaft ist in unserem Fall unter anderem dafür zuständig, die Interessen von Teilen der Bevölkerung zu vertreten und diese in verschiedensten Formen der Politik oder der Wirtschaft deutlich zu machen. Zudem betreibt sie Aufklärung und versucht Menschen, die gemeinsame Interessen haben, für eine größer Sache zu mobilisieren. Somit ist die Zivilgesellschaft ein gesellschaftlicher Akteur, dem es unter anderem um Allgemeinwohlinteressen geht. Dieses Gemeinwohlinteresse basiert zum großen Teil auf dem von der Wissenschaft bereitgestellten und erworbenen Wissen (siehe Kapitel 4.2).

Diese Unterscheidung ist deswegen notwendig, um zu verstehen, welche Interessen vertreten sind. Beim Lobbyismus stehen eindeutig die Interessen des eigenen Unternehmens oder Verbandes im Vordergrund, die Wissenschaft hat das Ziel der Wissensproduktion und die Zivilgesellschaft das Allgemeinwohl. Das ist natürlich nur eine generalisierende Aussage, sie ist jedoch für den Überblick hilfreich. In den nachfolgenden Kapiteln werden die einzelnen Akteure im Kern genauer vorgestellt, um am Ende einen Vergleich zu wagen.

---

[18] Vgl. Fretschner, Rainer: Wissenschaft, in: Sina Farzin/Stefan Jordan (Hrsg.), Lexikon Soziologie und Sozialtheorie, Stuttgart, Reclam, 2015, S. 333

4.1 Lobbyisten

Der folgende Akteur ist Teil der sogenannten „pressure groups", die versuchen, die staatlichen Entscheidungsträger zu beeinflussen, um spezifische Interessen durchzusetzen.[19] Diese Differenzierung ist wichtig wie später noch festgestellt wird. Dieses Kapitel widmet sich dem Lobbyismus und deren Handelnde in Deutschland. Der Lobbyismus kann als Form der Einflussnahme in der Politik oder Gesellschaft bezeichnet werden.[20] Eine ausführlichere Definition haben die Politikwissenschaftler Leif & Speth erarbeitet:

> „Lobbying ist die Beeinflussung der Regierung durch bestimmte Methoden, mit dem Ziel, die Anliegen von Interessengruppen möglichst umfassend bei politischen Entscheidungen durchzusetzen. Lobbying wird von Personen betrieben, die selbst am Entscheidungsprozess nicht beteiligt sind. "[21]

Ihre Einflussnahme gelingt durch gute Beziehungen zu Menschen in ganz unterschiedlichen Positionen und gesellschaftlichen Institutionen. Jedoch könnte hier der Definition der Autoren etwas widersprochen werden, da Lobbyisten am Gesetzesentwurf beteiligt sind und somit indirekt auch am Entscheidungsprozess. Gerade in der Politik pflegen Lobbyisten gute Beziehungen zu Bereichen der Legislative und Exekutive. Die Interessensgruppen können Vereine, Nichtregierungsorganisationen oder Unternehmen sein.[22]

Obwohl es legitim ist, wenn Lobbyisten versuchen Einfluss auf die Politik zu nehmen, so ist es dennoch wichtig, sie in manchen Bereichen kritisch zu beleuchten. Gerade bei den Stichworten Korruption, Manipulation oder verdeckte Einflussnahme ist es in der Vergangenheit schon zu einigen Skandalen gekommen. So scheint es auch nicht zu verwundern, dass der Eindruck von sehr großer Einflussnahme in den letzten 40 Jahren in der Gesellschaft gewachsen ist.[23] Es ist ebenso festzustellen, dass ein erhöhtes Interesse der Wirtschaftsverbände und Unternehmen bei den politischen Debatten besteht, die in den letzten Jahren immer mehr an Einfluss gewinnen. Bei klimapolitischen Entscheidungen sind verschiedenste solcher Interessensverbände aktiv. Greenpeace, WWF, BUND, Kirchen und Vereine gehören ebenfalls zu Interessensvertretern, die versuchen auf die Politik Einfluss zu nehmen. Jedoch wird in diesem Kapitel über die Wirkungsweise, von Lobbyisten aus der Wirtschaft, eingegangen.

---

[19] Vgl. Schöbel, Enrico: Lobbyismus, in: Gabler Wirtschaftslexikon, 2018 URL:
https://wirtschaftslexikon.gabler.de/definition/lobbyismus-38186/version-261612
[20] Vgl. Plehwe, Dieter: Lobbyismus und Demokratie, in: bpb.de, 2019, URL:
https://www.bpb.de/politik/wirtschaft/lobbyismus/288510/einleitung-lobbyismus-und-demokratie
[21] Vgl. Leif, Thomas / Speth, Rudolf: Die fünfte Gewalt: Lobbyismus in Deutschland, Wiesbaden, Springer VS, 2006, S. 12
[22] Vgl. Schöbel, Enrico: Lobbyismus, in: Gabler Wirtschaftslexikon, 2018, URL:
https://wirtschaftslexikon.gabler.de/definition/lobbyismus-38186/version-261612
[23] Vgl. Plehwe, 2019.

Gerade im klimapolitischen Bereich gibt es klare Interessensgruppen wie z.B. die Auto- Öl- und Industrielobby. Ihr Bestreben liegt darin, die Bemühungen der Klimapolitik zu verzögern, um ihr Überleben im jeweiligen Sektor zu sichern.[24] Jedoch ist das altertümliche Vorurteil, Lobbyisten würden in Restaurants oder Empfängen Politikern ihre geheimen Pläne einflüstern, keine differenzierte Sichtweise.

Hauptsächlich beschäftigen sich Lobbyisten mit der Ausarbeitung von Positionspapieren oder Gesetzesentwürfen, die in den politischen Prozess eingearbeitet werden sollen.[25] Gerade in der Entstehungsphase von Gesetzen sind Lobbyisten ambitioniert sich in den Prozess einzumischen, da es in späteren Phasen deutlich schwieriger ist. Ihre Adressaten sind Minister, Bundestagsabgeordnete und die Bundesregierung. Inwiefern Lobbygruppen in den Gesetzgebungsprozess entscheidend Einfluss haben, lässt sich nur schwer ermitteln.

Da es in Deutschland kein Lobbyregister gibt, sondern nur eine „öffentliche Liste" die jedoch auf freiwilliger Basis beruht, ist der Einfluss auf die Politik nur teils nachvollziehbar.[26] Es ist jedoch nicht ganz unwahrscheinlich, dass die Arbeit von Interessengruppen sehr großen Einfluss auf die Entwicklung neuer Gesetze hat. Inwiefern dies jedoch gegeben ist, kann in dieser Hausarbeit nicht erörtert werden und verlangt zudem mehr Forschung in diesem Bereich.

Jedoch lässt sich festhalten, dass der Einfluss von Lobbyismus stark mit der Größe der Lobby zusammenhängt und somit auch im Machtverhältnis beim Einfluss auf die Politiker. Damit ist gemeint das die Größe der Lobby darüber entscheiden kann, inwiefern ihr Einfluss Wirkung erzielt. Industrieverbände haben auf den politischen Entscheidungsprozess somit größeren Einfluss als kleine Verbände oder NGO's. Dabei spielt auch die Repräsentanz in Berlin nahe der Regierung eine entscheidende Rolle.[27] Zudem ist wichtig, zu welchen Zeitpunkt der Einfluss auf den Gesetzgebungsprozess stattfindet. Während größere Lobbygruppen relativ früh ihre Entwürfe den Politikern vorlegen, so sind kleinere Verbände oder NGO's eher im späteren Verlauf tätig. Dies begünstigt natürlich den Lobbygruppen ihre Arbeit, da sie mit dem frühen Einfluss ihre Interessen besser vertreten können.[28]

---

[24] Vgl. Verolme, Hans J.H.: Die internationale Klimagegenbewegung –
Unternehmenseinfluss in den Klimaverhandlungen, in: Jens Martens/Karolin Seitz (Hrsg.), Wirtschaft Macht Politik –
Einfluss privatwirtschaftlicher Akteure in internationalen Politikprozessen, Berlin, 2016
[25] Vgl. Verolme, 2016
[26] Vgl. Deutscher Bundestag: Öffentliche Liste über die beim Bundestag registrierten Verbände (Lobbyliste), 2016
URL: https://www.bundestag.de/parlament/lobbyliste/
[27] Vgl. Corbach, Matthias: Energiepolitischer Lobbyismus in Deutschland: Eine Fallanalyse zur Einführung des
Emissionshandels, 2016, Berlin, S. 443
[28] Vgl. Corbach, 2016, S. 444

4.2 Zivilgesellschaft

Die Zivilgesellschaft gilt als treibender Motor der laufenden Klimadebatte. Um hier genaueres sagen zu können, benötigen wir auch hier eine genauere Definition von Zivilgesellschaft. Zivilgesellschaft beschreibt:

> *„Zumeist ein Konglomerat von Akteuren [...] die sich auf eigene Initiative hin zu außerstaatlichen Vereinigungen zusammenschließen, um ihre Interessen zu vertreten".*[29]

Zudem beschreibt Zivilgesellschaft das soziale Handeln, dass nicht dem individuellen, sondern dem Gemeinwohl dienen soll. Dennoch gibt es heute keine einschlägige Definition von Zivilgesellschaft, sondern viele verschiedene Ansätze.[30] In dieser Hausarbeit wird die Zivilgesellschaft als gestaltende und konstruktive treibende Kraft des Transformationsprozesses hin zu einer nachhaltigeren Gesellschaft gesehen. Die *Fridays for Future* Bewegungen haben gezeigt, dass eine gelebte, globale und effektive Zivilgesellschaft dazu beitragen kann, etwas zu verändern.

Aber nicht nur durch *Fridays for Future* wird eine gelebte Zivilgesellschaft deutlich. Unzählige Initiativen wie Urban Gardening, Gemeinwohlökonomie-Unternehmen, solidarische Landwirtschaft, Repair-Cafés und vieles mehr zeigen, dass ein deutliches Umdenken stattfindet und dies auch bereits in der Politik angekommen ist. Bei der Entwicklung der SDG's hat sich die Zivilgesellschaft in einem Maße beteiligt wie nie zuvor und war an manchen Richtlinien stark einbezogen. So betont auch die Bundesregierung:

> *„Für eine erfolgreiche Umsetzung der Agenda werden die Beiträge der Politik aber bei Weitem nicht ausreichen. Viele Akteure aus Zivilgesellschaft, Wirtschaft und Wissenschaft haben mit ihrer wertvollen, konstruktiven Arbeit zum erfolgreichen Abschluss der Agenda beigetragen und werden auch bei ihrer Umsetzung eine wichtige Rolle einnehmen. "*[31]

In welcher Rolle die Zivilgesellschaft jedoch gesehen wird, ist nicht verdeutlicht worden. Es könnte angenommen werden, dass die weitere Arbeit darin besteht, der Politik stetig deutlich zu machen, dass Zeit zu Handeln ist.

---

[29] Vgl. Beyer, Heiko/Schnabel, Annette: Zivilgesellschaft, in: J. Kopp/A. Steinbach (Hrsg.), Grundbegriffe der Soziologie, 12. Auflage, Springer Fachmedien Wiesbaden, 2016, S. 385
[30] Vgl. Anheier, Helmut K./Appel, Anja: Zivilgesellschaft, in: Dieter Fuchs/Edeltraud Roller (Hrsg.) Lexikon Politik – Hundert Grundbegriffe, Ditzingen: Reclam, 2018, S. 340 ff.
[31] Vgl. Die Bundesregierung: Deutsche Nachhaltigkeitsstrategie, 2017, S. 23 f.
URL: https://www.bundesregierung.de/resource/blob/975292/730844/3d30c6c2875a9a08d364620ab7916af6/deutsche-nachhaltigkeitsstrategie-neuauflage-2016-download-bpa-data.pdf?download=1

Uwe Schneidewind unterscheidet vier verschiedene Typen von zivilgesellschaftlichen Organisationen: Umweltverbände, Kirchen, Gewerkschaften und Bottom-up-Bewegungen (Abbildung 3).[32] Diese tragen als zivilgesellschaftliche Bewegungen lösungsorientierte Handlungsstrategien in die Gesellschaft und schaffen Grundlage für Transformation.

Da auch hier der Einfluss auf die Politik nur in Teilen nachvollziehbar ist, soll erst einmal eine grobe Skizze über die wichtigen Faktoren der Wirksamkeit von Zivilgesellschaft gemacht werden. Für eine organisierte Zivilgesellschaft ist es wichtig, dass sie einen Resonanzboden in der Gesellschaft besitzt. Das heißt konkret, dass sie zu Katalysatoren für Werte wird, die von ihren Anhängern vertreten werden. Um hierfür eine große Reichweite zu erzielen sind sie auf eine Vielzahl von Aktivitäten angewiesen wie z.B. Bilder, Videos und Inszenierungen, sowie über Protestaktionen oder andere Arten von Aufklärung, um Aufmerksamkeit zu erregen. Neben ebenso wichtigen materiellen Ressourcen ist die Vorbild-Funktion ein wichtiges authentisches Mittel, um zu zeigen, dass die Ziele im eigenen Handeln umgesetzt werden.[33]

Abbildung 3

ZIVILGESELL-SCHAFTLICHE GRUPPEN	STEHT FÜR WAS IM NORMATIVEN KOMPASS?	MECHANISMEN DER »ERMÄCH-TIGUNG«
Umwelt-verbände	▪ Mitweltschutz ▪ Globale Gerechtigkeit	▪ Einfluss auf politische Diskurse ▪ Sanktionierung unter-nehmerischen Handelns ▪ Orientierung und Empowerment
Kirchen	▪ Universeller Humanismus	▪ **Einfluss auf gesellschaftliche Diskurse** ▪ Ausstrahlung gelebter Nach-haltigkeitspraxis
Gewerk-schaften	▪ Teilhabe/Soziale Gerechtigkeit	▪ Einfluss auf politische Diskurse ▪ Co-Gestaltung unter-nehmerischer Prozesse
Soziale Bewegungen von unten	▪ Teilhabe ▪ Handlungsermächtigung	▪ Ermächtigung von unten **auch als politische und unter-nehmerische Ressource**

Wie in Abbildung 3 zu erkennen ist, unterscheidet Schneidwind in den vier Gruppen zwischen einem „Normativen Kompass" und „Mechanismen der Ermächtigung".

---

[32] Vgl. Schneidewind, Uwe: Die große Transformation: Eine Einführung in die Kunst gesellschaftlichen Wandels, 3. Aufl., Frankfurt am Main, Fischer Verlag, 2019, S. 301 ff.
[33] Vgl. Schneidewind, Uwe: Die große Transformation: Eine Einführung in die Kunst gesellschaftlichen Wandels, 3. Aufl., Frankfurt am Main, Fischer Verlag, 2019, S. 307 ff.

Im Gegensatz zu den Lobbyisten hat die Zivilgesellschaft keinen direkten Einfluss auf den Gesetzgebungsprozess in der Politik. Jedoch tragen einige zivilgesellschaftliche Gruppen zu der Entscheidungsfindung bei.

Eine der Gruppen sind die Umweltverbände, die auf die immer gravierenderen Umweltveränderungen aufmerksam machen. Artensterben, Waldsterben und ökologischer Raubbau sind nur wenige Themen, die sie schon seit vielen Jahrzehnten ansprechen und dabei versuchen, Politik und Wirtschaft zum Eingreifen zu bewegen. Für ihr breites Spektrum an Wissensvermittlung sind die Verbände auf eine unabhängige Wissenschaft angewiesen, da sie unter anderem auch Vermittler von wissenschaftlichen Erkenntnissen sind.[34]

4.3 Wissenschaft

In der Wissenschaft gibt es ebenso verschiedene Akteure, die ihren Einfluss auf das politische Geschehen haben. Neben dem international bekannten „Intergovernmental Panel on Climate Change" (IPCC), das in Deutschland auch als Weltklimarat bekannt ist, gibt es auf der nationalen Ebene noch diverse andere. Im direkten Kontakt mit der Bundesregierung ist der „Wissenschaftliche Beirat der Bundesregierung Globale Umweltveränderungen" (WBGU). Er dient als direktes Beratungsorgan zur Analyse und Gutachtenerstellung für Umwelt- und Entwicklungsprobleme.[35] Im Mittelpunkt ihrer Arbeit steht die globale Transformation zu einer nachhaltigeren Welt und wie diese zu meistern ist. Der relevanteste Aspekt sind die Gutachten und Handlungsempfehlungen, welche für die Regierung erstellt werden. Der WBGU gibt an, dass sie die Leitplanken für Veränderungen vorgeben, welche die schwerwiegenden Schäden an Umwelt und Mensch vermeiden sollen. Die Mitglieder des WBGU sind hauptsächlich Professoren, welche in ihrer Forschung einen Nachhaltigkeits- oder Umweltschwerpunkt haben.[36] Sie werden alle 4 Jahre von der Bundesregierung neu gewählt. Ihre Empfehlungen liegen jedem einzelnen Bundestagsabgeordneten vor und werden alle zwei Jahre mit einem Hauptgutachten vorgestellt.[37] Inwieweit die Regierung und der Bundestag auf diese Gutachten eingehen und diese als Entscheidungsgrundlage verwenden, kann aufgrund mangelnder Literatur und Forschung in Bezug auf Wirksamkeit von Gutachten auf die Entscheidungsfindung, nicht beantwortet werden. Ein großer Erfolg war jedoch das Gutachten von 1995 in welchem darauf hingewiesen wurde, dass maximal 2° Celsius Temperaturanstieg

---

[34] Vgl. Schneidewind, 2019, S. 311 ff.
[35] Vgl. WBGU: Auftrag, in: wbgu.de, 2019, URL: https://www.wbgu.de/de/der-wbgu/auftrag
[36] Vgl. WBGU: Mitglieder, in: wbgu.de, 2019, URL: https://www.wbgu.de/de/der-wbgu/aktuelle-beiratsmitglieder
[37] Vgl. Schnurr, Eva-Maria: Die Entscheidungshelfer, in: Zeit.de, 2009, URL: https://www.zeit.de/zeit-wissen/2009/05/beratungsgremien-politik/komplettansicht, S. 3

durch CO_2 Emissionen entstehen dürfen, um globale Katastrophen zu verhindern. Dieses Gutachten hat maßgeblich zu den Klimaschutzzielen in Deutschland beigetragen.[38]

Ein weiteres beratendes Organ der Bundesregierung ist der „Sachverständigenrat für Umweltfragen" (SRU). Der 1971 gegründete Umweltrat hat dieselbe Funktion wie der WBGU und dient zur Beratung der Bundesregierung in umweltpolitischen Fragen. Er publiziert verschieden Gutachten, Stellungnahmen, Kommentare und Materialien zu aktuellen Umweltproblematiken, die dem Bundestag und der Regierung übergeben sowie veröffentlicht werden. Die Mitglieder bestehen aus Hochschullehrern, die nicht in anderen öffentlichen Einrichtungen (außer Wissenschaftlichen Instituten oder Universitäten) tätig sind. Zudem dürfen sie nicht in Verbänden oder Organisationen der Wirtschaft vertreten sein oder beschäftigt werden, um eine größtmögliche Unabhängigkeit zu gewährleisten.[39] Jedoch haben Politiker 2011 versucht, die Unabhängigkeit zu unterwandern, wogegen sich der SRU wehrte. Dies geschah nachdem der SRU mehrfach Kritik an der Energiepolitik der Regierung geübt hatte.[40] Ein weiterer Akteur in Deutschland ist das Potsdamer Institut für Klimafolgenforschung (PIK). Das Institut beschäftigt sich mit verschiedenen Forschungszweigen unter anderem mit Klimaresilienz, nachhaltige Entwicklung und dem Erdsystem. Ihre Publikationen und Erkenntnisse teilen sie nicht nur in Fachzeitschriften, sondern auch in beratender Funktion der Politik mit.[41]

Neben weiteren universitären Einrichtungen und Instituten, gibt es viele weitere Forschungen von NGO's, Wissenschaftlern und Unternehmen zum Klimawandel und zu möglichen Handlungsstrategien. Eine Fülle an Wissen, die bereits herrscht, ändert jedoch nichts an der Abhängigkeit der gewählten Politiker. Die Frage, ob Wissenschaft politischer werden soll, um mehr Einfluss auf die Entscheidungen zu haben, ist hier von Bedeutung. Während der Corona Pandemie ist die Politik auf Beratung angewiesen, um die Situation zu bewältigen. Die Politik ist in diesem Fall auf die Einschätzungen und Expertise von Wissenschaftlern angewiesen. *„Expertenwissen dient Politikerinnen und Politikern als Entscheidungsgrundlage [...], das hängt damit zusammen, dass Problemlagen immer komplexer werden."*[42]

---

[38] Vgl. Schnurr, 2009, S. 3
[39] Vgl. SRU: Sachverständigenrat für Umweltfragen: in: Lexikon der Nachhaltigkeit, 2015, URL: https://www.nachhaltigkeit.info/artikel/sru_gutachten_738.htm
[40] Vgl. Vorholz, Fritz: Schwarz-Gelb will Umweltrat auf Linie bringen, in: zeit.de, 2011, URL: https://www.zeit.de/wirtschaft/2011-12/umweltrat-koalition-aufseher?utm_referrer=https%3A%2F%2Fde.wikipedia.org
[41] Vgl. PIK: Politikberatung in: pik-potsdam.de, URL: https://www.pik-potsdam.de/de/produkte/politikberatung
[42] Vgl. Kropp, Sabine: Wie wichtig ist Expertenwissen in der Politik? In: bpb.de, 2020 URL: https://www.bpb.de/politik/innenpolitik/coronavirus/310712/expertenwissen

Genauso ist es jedoch auch bei der Klimapolitik, wo Expertisen jedoch nicht im vollen Maß beachtet werden. Folglich ist hier zu erkennen, dass in diesem Fall viele Eigeninteressen von anderen Akteuren mit einspielen, die die Einflussnahme der Wissenschaft auf die Politik deutlich kleiner ausfallen lassen als bei der Pandemie. Durch Initiativen wie *„Scientists for Future"* zeigt sich jedoch, dass Wissenschaftler versuchen, nicht nur Wissen zu produzieren, sondern auch an der öffentlichen Debatte teilnehmen und somit auch Teil der Zivilgesellschaft zu werden. [43]

5   Auswirkungen auf die Gesetzgebung

Die Hausarbeit versucht zu erörtern, inwiefern die Akteure Lobbyisten, Wissenschaft und Zivilgesellschaft einen Einfluss auf die klimapolitischen Entscheidungen haben. Es ist festzustellen, dass die verschiedenen Akteure alle einen Einfluss auf die politischen Entscheidungen haben, jedoch auf unterschiedliche Weise. So ist der Lobbyismus wohl der effektivste und erfolgreichste Weg, sich in die Gesetzgebung bei klimapolitischen Entscheidungen einzumischen. Mit ihren direkten Verbindungen zu Politikern und Ämtern, haben sie einen nennenswerten Vorteil gegenüber kleineren Verbänden und NGO's. Eine wichtige Rolle spielt hier jedoch der Standpunkt. In Berlin ansässige Lobbygruppen haben einen Heimvorteil, der gerade bei der Entwicklung von neuen Gesetzen sich durch direkten Kontakt deutlich macht. Gerade für kleinere Lobbygruppen oder NGO's wäre es hilfreich, ihre Standorte in Berlin auszubauen, um dort das Machtverhältnis auszugleichen. Interessenvermittlung ist in einer demokratischen Gesellschaft stets legitim und ein treibender Faktor einer lebendigen Gesellschaft. Es sollten jedoch Regeln verfolgt werden und eine faire Anteilnahme an politischen Prozessen gegeben sein, um eine einseitige Einflussnahme zu verhindern. Da momentan Korruptionsvorwürfe keine Seltenheit sind, sollte eine deutliche Steigerung der Transparenz stattfinden.

Die Zivilgesellschaft hat vor allem ihren Einfluss durch den politischen Diskurs, den sie in die Gesellschaft einbringt. Während sie nur in seltenen Fällen mit der Gesetzesentwicklung in Berührung kommt, so ist sie doch durch ihre Fähigkeit zur Mahnung und zur moralischen Besinnung eine treibende Kraft in gesellschaftlichen und politischen Diskursen. So hat die Zivilgesellschaft nur indirekt Einfluss auf die Gesetzgebung und ist eher für die Vermittlung und die Organisation von bürgerlichen Interessen zuständig. Direkten Einfluss würden nur

---

[43] Vgl. Robert-Bosch-Stiftung: Wissenschaftler sollen sich einmischen, 2019 URL: https://www.bosch-stiftung.de/de/news/wissenschaftler-sollen-sich-einmischen

Umweltverbände oder NGO's ausüben, die aber dann schon in den Lobbygruppen eingeordnet werden müssten. Gerade in der Motor-Funktion ist die Zivilgesellschaft eine wichtige Kraft, die neuen Ideen und Lösungen für bestehende Strukturen schaffen.[44]

Die Wissenschaft hat im letzten Jahrhundert noch nicht den Anspruch gehabt, einen wesentlichen Einfluss auf die Politik zu nehmen. Doch gerade in Zeiten hochkomplexer Debatten sind wir auf sie angewiesen und sollten ihre Ratschläge ernst nehmen und verwirklichen. Sie ist also nun nicht mehr nur zur Wissensproduktion zuständig, sondern auch für deren Vermittlung in Gesellschaft und Politik. Es ist zu erkennen, dass die Notwendigkeit von unabhängigen Gremien immer wichtiger wird, um die komplexer werdenden Strukturen und Mechanismen zu erkennen, sowie passende Lösungen zu finden. So scheint die Wissenschaft einen Einfluss auf die Entscheidungsfindung zu haben der nicht gerade klein ausfällt. Jedoch ist zu erkennen, dass direkte Empfehlungen der Wissenschaft nur zum Teil umgesetzt werden. Dies könnte am Interessenskampf der Akteure Lobbyismus und Wissenschaft liegen, die je nach Lobbygruppe unterschiedlich ausfallen. Die Empfehlungen der Wissenschaft sehen jedoch mehr Maßnahmen vor als sie bereits von der Regierung erbracht wurden. Während es in der Politik zu großen Teilen um Machterhalt und Gewinn geht, streben andere nach dem Wohl aller. Wissen dient der Orientierung in der Welt und Macht ist die Voraussetzungen, um politisches Geschehen möglich zu machen. Wissenschaftliche Beratung sollte also nicht einfach in der Schublade der Abgeordneten verschwinden, sondern ernst genommen und in Handlungsansätze umgesetzt werden.[45] Politik wird von vielen Seiten mit Interessen beeinflusst. Welche Interessen jedoch den größten Einfluss haben, ist momentan nicht konkret zu beantworten. In der derzeitigen Krise wird jedoch deutlich, wie wichtig die Wissenschaft in Krisensituationen ist und dass ihr Rat ernst genommen und schnell in politische Ziele umgesetzt werden sollte, um größere Schäden zu verhindern. Da Lobbyismus in Deutschland legitim ist, sollte er für eine bessere Transparenz offengelegt und für jeden Bürger zugänglich gemacht werden. Da jedoch viele Lobbyisten im Schatten arbeiten, bleibt unklar, wieviel Einfluss auf die Politik ausgeübt wird. Oft kommt es deswegen auch zu Korruptionsvorwürfen, die im Wesentlichen jedoch nicht immer voll und ganz aufgedeckt werden können. Dies hinterlässt in der Gesellschaft meist einen unangenehmen Nachgeschmack und sorgt für einen schlechten Ruf der Lobbyisten.[46]

---

[44] Vgl. Scheidewind, 2019, S. 306 ff.
[45] Vgl. Mayntz, Renate: Politik und Wissenschaft – ein Spannungsverhältnis, in: Spektrum.de, 1996, URL: https://www.spektrum.de/magazin/politik-und-wissenschaft-ein-spannungsverhaeltnis/823031
[46] Vgl. bpb.de: Politik unter Einfluss, 2006, URL: https://www.bpb.de/politik/hintergrund-aktuell/70201/lobbyismus-13-04-2006

6 Fazit

Ein wünschenswerter Verlauf der Transformation der Gesellschaft, hin zu einer nachhaltigen Lebens- und Existenzweise, wäre das interaktive Zusammenspiel aller dieser Akteure. Nach Schneidewind ist diese Transformation nur möglich, wenn die Akteure im eigenständigen eine Transformation erleben, also jeder für sich. Jeder Akteur macht also einen Unterschied in seiner Haltung und in seinem Streben zu einem nachhaltigen Wandel. [47] Es sollte daher eine innere Transformation stattfinden sowie eine Transformation im Zusammenspiel dieser Akteure. Wenn dies gegeben ist, sollte ein fairer Ausgleich bei der Interessensvertretung in der Politik stattfinden, denn momentan ist deutlich zu erkennen, dass der Lobbyismus hier eine klare Vorreiter Rolle einnimmt. Außerdem ist deutlich zu erkennen, dass Unternehmen vertreten sind (z.B. Automobil- Öl- und Kohleindustrie), die durch starken CO_2 Ausstoß nicht gerade positiv zum Klimawandel beitragen und diesen durch ihre Lobbyarbeit eher versuchen zu verlangsamen. Die Lobbyarbeit in der Klimapolitik ist zudem für kleiner Unternehmen oder NGO's, die sich für die Klimawandelbekämpfung einsetzen, ein schwieriges Unterfangen durch die unterschiedlichen Standortvorteile (siehe Kapitel 4.1).

Es bleibt festzuhalten das jeder Akteur einen Einfluss auf die Geschehnisse von Gesetzesentwicklungen auf unterschiedliche Weise hat. Es kann im Kern jedoch nicht festgestellt werden inwiefern der Einfluss genau stattfindet und in welchem Maße, da hierfür mehr Forschung in den jeweiligen Bereichen nötig wäre, um die Frage voll und ganz zu beantworten. Es ist klar festzustellen das der Lobbyismus den direkten Einfluss in der Gesetzgebung hat, während Wissenschaft und Zivilgesellschaft ihre Hebel vor allem in der Gesellschaft anwenden. Die Frage, wie maßgeblich die Einflüsse auf die Klimapolitik sind, bleibt aber vorerst unbeantwortet. Am 3. März 2021 hat sich Union und SPD auf ein verbindliches Lobbyregister geeinigt, um somit einen transparenten weg zur nach Verfolgung der Lobbyarbeit für die Öffentlichkeit zu gewährleisten. Dies ist ein guter Anfang, um das Ungleichgewicht in Sachen Lobbyismus deutlich zu machen. Die Opposition und andere Kritiker sehen hier jedoch noch starken verbesserungsbedarf, damit eine lückenlose Transparenz in jedem Amt gewährleistet wird.

---

[47] Vgl. Schneidewind, Uwe: Die große Transformation: Eine Einführung in die Kunst gesellschaftlichen Wandels, 3. Aufl., Frankfurt am Main, Fischer Verlag, 2019, S. 298 ff.

Literaturverzeichnis

Anheier, Helmut K./Appel, Anja: Zivilgesellschaft, in: Dieter Fuchs/Edeltraud Roller (Hrsg.) Lexikon Politik – Hundert Grundbegriffe, Ditzingen: Reclam, 2018, S. 340 ff.

Beyer, Heiko/Schnabel, Annette: Zivilgesellschaft, in: J. Kopp/A. Steinbach (Hrsg.), Grundbegriffe der Soziologie, 12. Auflage, Springer Fachmedien Wiesbaden, 2016, S. 385

Corbach, Matthias: Energiepolitischer Lobbyismus in Deutschland: Eine Fallanalyse zur Einführung des Emissionshandels, 2016, Berlin, S. 443

bpb.de: Politik unter Einfluss, 2006,
URL: https://www.bpb.de/politik/hintergrund-aktuell/70201/lobbyismus-13-04-2006

BMU.de, Internationale Klimapolitik,
URL: https://www.bmu.de/themen/klimaenergie/klimaschutz/internationale-klimapolitik/ (Stand: 28.12.2020)

Deutscher Bundestag: Öffentliche Liste über die beim Bundestag registrierten Verbände (Lobbyliste), 2016
URL: https://www.bundestag.de/parlament/lobbyliste/

Die Bundesregierung: Deutsche Nachhaltigkeitsstrategie, 2017, S. 23 f.
URL:https://www.bundesregierung.de/resource/blob/975292/730844/3d30c6c2875a9a08d364620ab7916af6/deutsche-nachhaltigkeitsstrategie-neuauflage-2016-download-bpa-data.pdf?download=1

Dr. med. Dr. phil. Viktor Frankl. Zitiert in https://www.aphorismen.de/zitat/72492 abgerufen am 26.12.2020

Fretschner, Rainer: Wissenschaft, in: Sina Farzin/Stefan Jordan (Hrsg.), Lexikon Soziologie und Sozialtheorie, Stuttgart, Reclam, 2015, S. 333

Kiyar D. Internationale Klimapolitik, Ein komplexes Feld mit vielschichtigen Akteuren, bpb.de
URL: https://www.bpb.de/gesellschaft/umwelt/klimawandel/38535/akteure?p=all

Kropp, Sabine: Wie wichtig ist Expertenwissen in der Politik? In: bpb.de, 2020
URL: https://www.bpb.de/politik/innenpolitik/coronavirus/310712/expertenwissen

Lozán, J.: Dank Covid-19 erreicht Deutschland sein Klimaziel 2020, in: Warnsignal Klima, 2021,
URL: https://www.klima-warnsignale.uni-hamburg.de/verfehlt-deutschland-sein-klimaziel-2020/

Leif, Thomas / Speth, Rudolf: Die fünfte Gewalt: Lobbyismus in Deutschland, Wiesbaden, Springer VS, 2006, S. 12

Martens, Jens / Obenland, Wolfgang: Die Agenda 2030: Globale Zukunftsziele für nachhaltige Entwicklung, überarb. Aufl., 2017, URL: https://www.2030agenda.de/de/publication/die-agenda-2030

Mayntz, Renate: Politik und Wissenschaft – ein Spannungsverhältnis, in: Spektrum.de, 1996,
URL: https://www.spektrum.de/magazin/politik-und-wissenschaft-ein-spannungsverhaeltnis/823031

Monstadt, Jochen / Scheiner, Stefan: Die Bundesländer in der nationalen Energie- und Klimapolitik: Räumliche Verteilungswirkungen und föderale Politikgestaltung der Energiewende, in: sciendo.de, 2016, URL: https://content.sciendo.com/view/journals/rara/74/3/article-p179.xml

Plehwe, Dieter: Lobbyismus und Demokratie, in: bpb.de, 2019, URL:
https://www.bpb.de/politik/wirtschaft/lobbyismus/288510/einleitung-lobbyismus-und-demokrati

PIK: Politikberatung in: pik-potsdam.de, URL: https://www.pik-potsdam.de/de/produkte/politikberatung

Robert-Bosch-Stiftung: Wissenschaftler sollen sich einmischen, 2019 URL: https://www.bosch-stiftung.de/de/news/wissenschaftler-sollen-sich-einmischen

SRU: Sachverständigenrat für Umweltfragen: in: Lexikon der Nachhaltigkeit, 2015, URL:
https://www.nachhaltigkeit.info/artikel/sru_gutachten_738.htm

Schneidewind, Uwe: Die große Transformation: Eine Einführung in die Kunst gesellschaftlichen Wandels, 3.
Aufl., Frankfurt am Main, Fischer Verlag, 2019, S. 301 ff.

Schneidewind, Uwe: Die große Transformation: Eine Einführung in die Kunst gesellschaftlichen Wandels, 3.
Aufl., Frankfurt am Main, Fischer Verlag, 2019, S. 298 ff.

Schnurr, Eva-Maria: Die Entscheidungshelfer, in: Zeit.de, 2009,
URL: https://www.zeit.de/zeit-wissen/2009/05/beratungsgremien-politik/komplettansicht, S. 3

Schöbel, Enrico: Lobbyismus, in: Gabler Wirtschaftslexikon, 2018
URL: https://wirtschaftslexikon.gabler.de/definition/lobbyismus-38186/version-261612

Thurich, Eckhart: pocket politik. Demokratie in Deutschland. überarb. Neuaufl. Bundeszentrale für politische
Bildung 2011. URL: https://www.bpb.de/nachschlagen/lexika/pocket-politik/16426/gesetzgebung

Umwelbundesamt.de, Internationale und EU-Klimapolitik
URL: https://www.umweltbundesamt.de/themen/klima-energie/internationale-eu-klimapolitik#internationale-klimapolitik (Stand: 28.12.2020)

Verolme, Hans J.H.: Die internationale Klimagegenbewegung –
Unternehmenseinfluss in den Klimaverhandlungen, in: Jens Martens/Karolin Seitz (Hrsg.), Wirtschaft Macht
Politik – Einfluss privatwirtschaftlicher Akteure in internationalen Politikprozessen, Berlin, 2016

Vorholz, Fritz: Schwarz-Gelb will Umweltrat auf Linie bringen, in: zeit.de, 2011, URL:
https://www.zeit.de/wirtschaft/2011-12/umweltrat-koalition-aufseher?utm_referrer=https%3A%2F%2Fde.wikipedia.org

WBGU: Auftrag, in: wbgu.de, 2019, URL: https://www.wbgu.de/de/der-wbgu/auftrag

WBGU: Mitglieder, in: wbgu.de, 2019, URL: https://www.wbgu.de/de/der-wbgu/aktuelle-beiratsmitglieder

Weidner, Helmut: Internationale Klimaschutzpolitik: Beschreibung und Analyse eines Wegs in die Sackgasse,
in: Manfred G. Schmidt / Frieder Wolf / Stefan Wurster (Hrsg.), Studienbuch Politikwissenschaft, Heidelberg,
Springer VS, 2013, S. 521

Internetquellen-Verzeichnis

Quelle	Titel	Datum	Internet-Adresse
BPB	Politik unter Einfluss	04.01.2021	https://www.bpb.de/politik/hintergrund-aktuell/70201/lobbyismus-13-04-2006
Spektrum	Politik und Wissenschaft ein Spannungsverhältnis	04.01.2021	https://www.spektrum.de/magazin/politik-und-wissenschaft-ein-spannungsverhaeltnis/823031
BPB	Wie wichtig ist Politikberatung	03.01.2021	https://www.bpb.de/politik/innenpolitik/coronavirus/310712/expertenwissen
Robert-Bosch-Stiftung	Wissenschaftler sollen sich einmischen	03.01.2021	https://www.bosch-stiftung.de/de/news/wissenschaftler-sollen-sich-einmischen
PIK	Politikberatung	03.01.2021	https://www.pik-potsdam.de/de/produkte/politikberatung
Aphorismen	Viktor Frankl Zitate	28.12.2020	https://www.aphorismen.de/zitat/72492
BMU	Internationale Klimapolitik	28.12.2020	https://www.bmu.de/themen/klimaenergie/klimaschutz/internationale-klimapolitik/
Umweltbundesamt	Internationale und EU-Klimapolitik	29.12.2020	https://www.umweltbundesamt.de/themen/klima-energie/internationale-eu-klimapolitik#internationale-klimapolitik
BPB	Internationale Klimapolitik	29.12.2020	https://www.bpb.de/gesellschaft/umwelt/klimawandel/38535/akteure?p=all
WWU Münster	Trittbrettfahrerproblem	29.12.2020	http://www.wiwi.uni-muenster.de/06/nd/studium/uk-glossar/?tx_drwiki_pi1%5Bkeyword%5D=Trittbrettfahrerproblem%20%28free%20rider%29
BPB	Demokratie in Deutschland	29.12.2020	https://www.bpb.de/nachschlagen/lexika/pocket-politik/16426/gesetzgebung
Content Sciendo	Bundesländer in der Klimapolitik	02.01.2021	https://content.sciendo.com/view/journals/rara/74/3/article-p179.xml
Gabler Wirtschaftslexikon	Lobbyismus	02.01.2021	https://wirtschaftslexikon.gabler.de/definition/lobbyismus-38186/version-261612
Deutscher Bundestag	Lobbyliste	02.01.2021	https://www.bundestag.de/parlament/lobbyliste/
Bundesregierung	Deutsche Nachhaltigkeitsstrategie	02.01.2021	https://www.bundesregierung.de/resource/nachhaltigkeitsstrategie
Die Zeit	Die Entscheidungshelfer	03.,01.2021	https://www.zeit.de/zeit-wissen/2009/05/beratungsgremien-politik/komplettansicht
SRU	Lexikon der Nachhaltigkeit	03.01.2021	https://www.nachhaltigkeit.info/artikel/sru_gutachten_738.htm